AXEL GOMILLE

WÖLFE

UNTERWEGS MIT DEM TIERFOTOGRAFEN AXEL GOMILLE

KOSMOS

KOSMOS PLUS

VIDEOS

ANSCHAUEN MIT KOSMOS PLUS

So geht's: Besuche den App Store oder Google Play. Lade die kostenlose App *Kosmos Plus* auf dein Handy oder Tablet. Öffne sie, schalte die Inhalte mit dem Code Woelfe16987KOS frei und lade die Inhalte für das Buch »Wölfe« herunter. Gib den dreistelligen Zahlencode des Videos ein, das du dir ansehen möchtest. Die Codes findest du in kleinen Sprechblasen überall dort in diesem Buch, wo es ein Video zum Thema gibt. Mehr Informationen findest du unter: plus.kosmos.de

001

Rückkehr einer Legende

Wölfe, einst vom Menschen gnadenlos verfolgt, sind nach Deutschland zurückgekehrt. Das ist eine enorme Erfolgsgeschichte für den Naturschutz, gleichzeitig aber auch eine große Herausforderung – denn nicht alle freuen sich über die Rückkehr der Raubtiere.

Als deine Großeltern Kinder waren, gab es in Deutschland schon lange keine Wölfe mehr. Ursprünglich waren sie in Europa weitverbreitet, doch sie wurden systematisch verfolgt und ausgerottet. Damals duldeten die Menschen den vermeintlich »bösen Wolf« nicht in ihrer Nachbarschaft. Im Osten Europas konnte der Wolf aber überleben und so wanderten auch schon zu DDR-Zeiten gelegentlich Wölfe ein. Sie wurden dann stets geschossen. Das änderte sich erst mit der Wiedervereinigung im Jahr 1990. Seitdem steht der Wolf in ganz Deutschland unter strengem Schutz. Nun konnten Wölfe aus Polen nach Westen wandern und sich bei uns niederlassen. Es war eine Sensation, als im Jahr 2000 erstmals seit rund 150 Jahren wieder wild lebende Wolfswelpen in Deutschland zur Welt kamen. Zunächst wurden die Wölfe nur im Osten des Landes gesichtet. Doch ihr Bestand nimmt deutlich zu und sie breiten sich immer weiter aus.

Heute ist es für viele Kinder schon fast wieder normal, dass Wölfe in unseren Wäldern leben. Neue Generationen wachsen heran, für die Wölfe einen ähnlichen Stellenwert haben wie Füchse oder Wildschweine – es sind einfach Wildtiere, die man kaum zu sehen bekommt. Vielen Erwachsenen fehlt diese Selbstverständlichkeit, weil sie in einem Land ohne Wölfe aufgewachsen sind, und manche möchten die wilden Nachbarn wieder loswerden.

Jungwölfe beim Spielen

Überall dort, wo Wölfe ihre alte Heimat zurückerobern, sind Menschen verunsichert. Viele können nicht einschätzen, was die Raubtiere für sie bedeuten. Einige Eltern sorgen sich um die Sicherheit ihrer Kinder, Schäfer und Landwirte fürchten Verluste unter ihren Nutztieren und manche Jäger sehen im Wolf einen Konkurrenten um das Wild in den Wäldern. All diese Bedenken muss man ernst nehmen.

Daher ist es wichtig, dass wir Maßnahmen ergreifen, damit es zwischen Mensch und Wolf zu möglichst wenigen Konflikten kommt. Es gibt bereits wirksame Mittel, um Nutztiere vor Wolfsangriffen zu schützen. Diese werden sogar vom Staat gefördert. Viele Nutztierhalter wenden sie jedoch nicht an, weil ihr Einsatz größeren Aufwand bedeutet.

Entsprechend kritisch ist oft die Berichterstattung über Wölfe in den Medien. Hinzu kommt, dass vor allem in sozialen Netzwerken häufig falsche Informationen verbreitet werden. Man nennt das »Fake News«. So kursieren zu hohe Zahlen zum Bestand der Tiere und reißerische Geschichten von gefährlichen Übergriffen. Es werden Stimmen laut, die den Schutzstatus des Wolfs lockern wollen. Sie fordern, den Bestand der Raubtiere durch gezielte Abschüsse zu regulieren. Dabei gehören Wölfe noch immer zu den seltensten Säugetieren Deutschlands.

Für mich persönlich war es sehr spannend, die Rückkehr der Wölfe nach Deutschland über Jahre zu verfolgen. Dabei hatte ich viele interessante Erlebnisse mit wild lebenden Wölfen. Ich war mit Forscherinnen und Wolfsbeauftragten unterwegs und habe Schäfer getroffen, deren Herden von Wölfen angegriffen wurden. Außerdem habe ich mit Jägern und besorgten Anwohnern gesprochen. Bei all dem habe ich viel gelernt. Das Ergebnis waren mehrere TV-Dokumentationen und Magazinbeiträge, Zeitschriftenartikel und der erste Bildband über Deutschlands wilde Wölfe. Bei meiner Arbeit geht es mir immer darum, sachliche Informationen über die Tiere zu liefern, Probleme zu benennen, aber auch, unbegründeten Ängsten mit Fakten zu begegnen.

Dieses Buch soll dazu beitragen, dass deine Generation die Wölfe besser versteht. Den »bösen Wolf« gibt es nur im Märchen. Die Tiere breiten sich immer weiter aus und werden vielleicht auch irgendwann in deiner Nachbarschaft leben. Ich wünsche mir, dass du dann gut vorbereitet bist und allen, die sich Sorgen machen oder vielleicht sogar falsche Informationen verbreiten, sachliche Argumente liefern kannst. So kannst du dabei helfen, dass Wölfe in Deutschland eine Zukunft haben!

Dein Axel Gomille

DER WOLF ALS MYTHOS

Hinterhältig, gefräßig, blutrünstig – der Mensch hat dem Wolf im Lauf der Zeit viele negative Eigenschaften angedichtet.

Dabei hatte alles so verheißungsvoll angefangen. Menschen und Wölfe hatten nämlich durchaus Gemeinsamkeiten. Beide jagten in Gruppen mit ausgeprägtem Teamgeist, zum Teil stellten sie sogar den gleichen Beutetieren nach. Aus Wölfen wurden Jagdgefährten, die sich bald zum ersten Haustier des Menschen entwickelten – dem Hund.

Doch als die Menschen begannen, Vieh zu züchten, änderte sich ihre Haltung zum Wildtier Wolf. Aus dem einstigen Jagdgefährten war ein Konkurrent geworden, der die Nutztiere und damit auch die Existenz des Menschen bedrohte. Der Freund wurde zum Feind. Dieses wechselhafte und immer sehr emotionale Verhältnis trug viel zum Mythos Wolf bei.

GEJAGT BIS ZUR AUSROTTUNG

Der Hund gilt als bester Freund des Menschen, doch sein Vorfahr – der Wolf – wurde lange gehasst wie kaum ein anderes Tier. Deshalb wurde er über Jahrhunderte gnadenlos verfolgt, bis er in Mitteleuropa schließlich ausgerottet war.

MÄRCHEN VOM BÖSEN WOLF

Im Märchen hat der »böse Wolf« das kleine Rotkäppchen, dessen Großmutter und auch die sieben Geißlein verschlungen – seitdem ist sein Ruf ruiniert.

Die Märchen der Gebrüder Grimm haben das negative Bild vom Wolf verbreitet und über Generationen weitergegeben. Der sprichwörtliche »böse Wolf« wurde zum deutschen Kulturgut und prägt bis heute die Vorstellung, die viele Menschen von dem Tier haben. Auch in Spielfilmen und Romanen muss der Wolf häufig als Bösewicht herhalten.

Dass der Wolf mit einem Happs die Großmutter verschlingt, glaubt wohl keiner.

Schon wesentlich früher betrachtete der Mensch Wölfe als Jagdkonkurrenten und Viehräuber. Aber erst im 15. Jahrhundert begann ein regelrechter Feldzug gegen die Wölfe, die mit Treibjagden, Fallen und Giftködern ausgerottet werden sollten. Für getötete Tiere wurden Prämien gezahlt, und um 1750 waren Wölfe aus weiten Teilen Mitteleuropas verschwunden.
In Deutschland wurde das vermutlich letzte Tier des ursprünglichen Bestandes 1845 bei Trebendorf in Sachsen erlegt – der »böse Wolf« war verschwunden. Bei später geschossenen Wölfen dürfte es sich schon um Einwanderer aus dem Osten gehandelt haben.

BRUDER WOLF

Der Vorfahr der Hunde genoss in einigen Kulturen hohes Ansehen. So sahen manche Ureinwohner Nordamerikas in Wölfen Brüder. Unter den Tlingit und den Irokesen beispielsweise gab es Wolfssippen, die die Tiere als sogenannte Totems besonders verehrten. Ähnliches gibt es auch in Asien. Eine Legende der Mongolen besagt, dass ihr Volk von einem Wolf und einer Hirschkuh abstamme, und in der Mythologie Usbekistans, eines Landes in Zentralasien, gilt der Wolf als Urvater der Nation.

TATSACHE

Einige Urvölker Nordamerikas betrachteten Wölfe als spirituelle Wesen. Sie trugen Wolfspelze, um eine Verbindung zu ihnen herzustellen.

Der Legende nach soll eine Wölfin die Zwillinge Romulus und Remus aufgezogen haben.

Auch in Europa haben Wölfe die Mythologie der Menschen beeinflusst. So nährte in Mittelitalien der Legende nach eine Wölfin die hilflosen Zwillinge Romulus und Remus, die späteren Gründer der Stadt Rom. Dieses Motiv findet sich auch im weltbekannten *Dschungelbuch*, in dem der kleine Junge Mogli von einem Wolfsrudel in Indien aufgezogen wird. Doch das positive Bild der Wölfe blieb weitgehend auf Mythologie und Literatur beschränkt. Mit der Realität hatte es wenig zu tun, denn in Europa wurden Wölfe intensiv verfolgt.

DAS NEUE BILD VOM WOLF

Wölfe waren bei uns lange verschwunden und breiten sich erst seit einigen Jahren wieder aus, zudem sind sie vorsichtig und scheu. Daher haben bisher nur wenige Menschen Erfahrung mit den Tieren. Und so bleibt viel Raum für Spekulationen, die sich meist irgendwo zwischen Furcht und Ehrfurcht bewegen, über das Wesen der Wölfe.

Tatsächlich ist der Wolf kein mystisches Wesen, weder im positiven noch im negativen Sinn. Er ist ein faszinierender, aber völlig normaler Vertreter der heimischen Tierwelt. Daher ist es an der Zeit, das alte Bild des »bösen Wolfs« aus Märchen durch ein neues, realistisches Bild vom Wildtier Wolf zu ersetzen.

CANIS LUPUS

Der Wolf war in Mitteleuropa einst weitverbreitet, wurde aber vom Menschen ausgerottet. Mittlerweile ist er streng geschützt und breitet sich seit einigen Jahren wieder aus.

Canis lupus, der Wolf, ist der größte Vertreter aller Wildhunde und zählt zu den am weitesten verbreiteten Tierarten der Welt. Er hat sich an unterschiedlichste Lebensräume und Klimazonen angepasst und dabei zahlreiche Unterarten entwickelt. Bei uns lebt der Eurasische Wolf, der den wissenschaftlichen Namen *Canis lupus lupus* trägt. Dabei steht *Canis* für die Gattung, das erste *lupus* für die Art, das zweite für die Unterart. Seine Grundfärbung variiert zwischen Grau und Braun, außerhalb Europas gibt es aber auch weiße und schwarze Tiere. Wölfe leben in Familien, die Rudel genannt werden. Sie sind territorial und verteidigen ihr Revier gegen fremde Artgenossen. Um neue Reviere zu erobern, unternehmen Jungtiere manchmal sehr lange Wanderungen. Wölfe verfügen über eine ausgeprägte Körpersprache und haben hervorragende Sinne. In den letzten Jahren konnte der Wolf Teile seiner ursprünglichen Heimat zurückerobern – trotzdem gehört er bei uns noch immer zu den seltensten Wildtieren.

DER EURASISCHE WOLF

20–60 kg, in Mitteleuropa 25–45 kg, Männchen meist etwas größer und schwerer als Weibchen

in freier Natur sind 13 Lebensjahre belegt, in Gehegen auch 18 Jahre

Wolfsvorkommen in Deutschland, Österreich und der Schweiz*

Schematische Darstellung

TATSACHE

2020 wurden in Deutschland 128 Wolfsrudel, 35 Wolfspaare und 10 sesshafte Einzelwölfe nachgewiesen.*

Quellen:

Deutschland: Bundesamt für Naturschutz (BfN), Bonn, Daten der Bundesländer aus dem Monitoringjahr 2019/2020*

Österreich: Forschungsinstitut für Wildtierkunde und Ökologie, Wien, Daten aus dem Monitoringjahr 2019/2020*

Schweiz: KORA, Raubtierökologie und Wildtiermanagement, Muri bei Bern, Daten von Mai 2018 bis Juni 2020

*Stand: 30. Oktober 2020

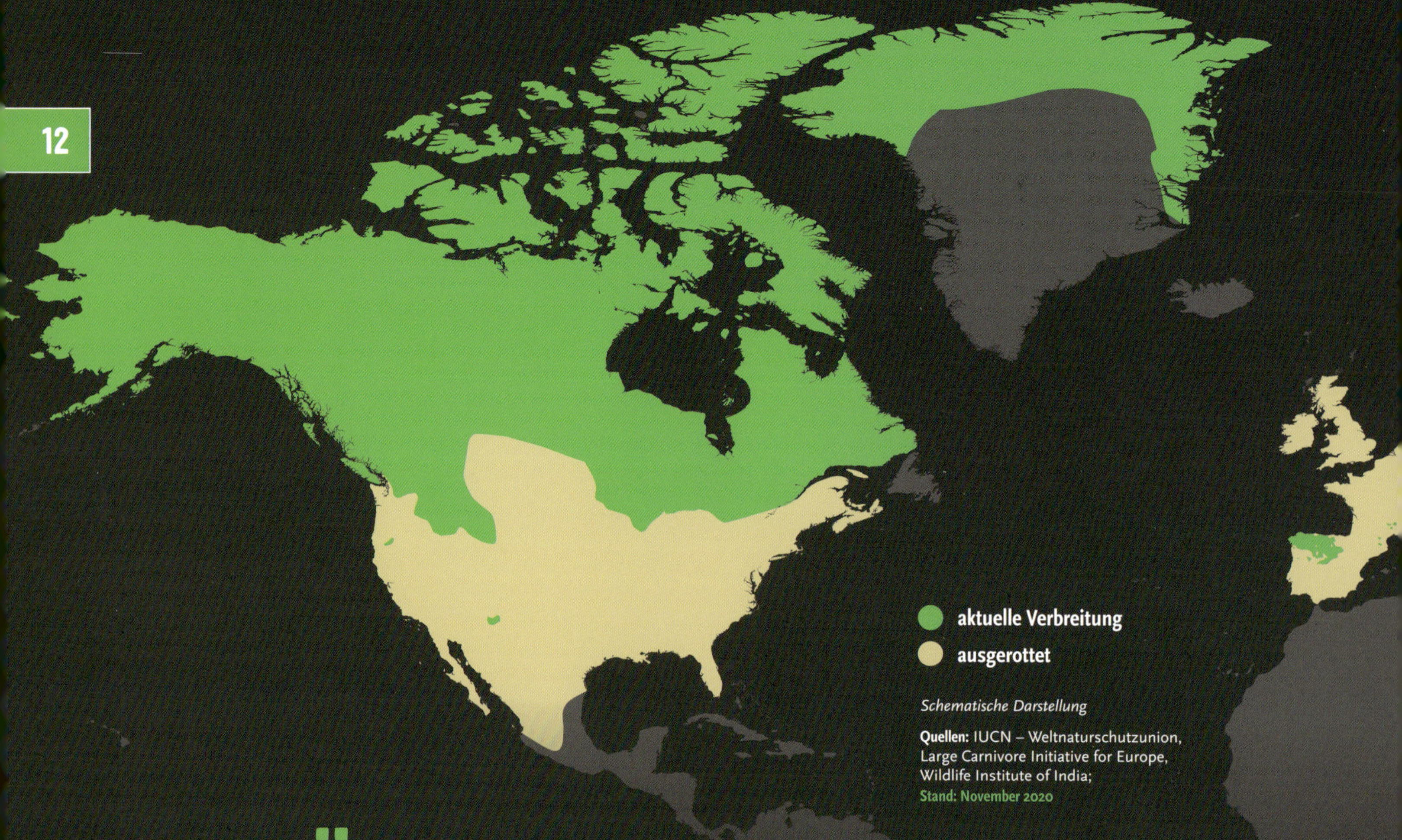

WÖLFE WELTWEIT

Ursprünglich kam der Wolf fast auf der gesamten Nordhalbkugel vor. Diese Karte zeigt die ehemalige und aktuelle Verbreitung von *Canis lupus* und seinen Unterarten. Sandfarben markiert sind die Regionen der Erde, in denen der Wolf bereits ausgestorben ist. Die grünen Bereiche zeigen, was vom ehemaligen Verbreitungsgebiet übrig geblieben ist. Aus vielen Regionen ist der Wolf in den letzten Jahrhunderten verschwunden – etwa aus großen Teilen Nordamerikas, Europas sowie Süd- und Ostasiens.

Die Gründe dafür sind immer ähnlich. Menschen gestalten die Welt nach ihren Vorstellungen und zerstören dabei die Lebensräume der Wildtiere. Die Wölfe hatten also weniger Platz zum Leben und fanden weniger natürliche Beutetiere. Sie mussten vermehrt Nutztiere jagen, was zu Konflikten mit Viehhaltern führte. Wölfe wurden daher gezielt vom Menschen verfolgt und systematisch ausgerottet – in manchen Regionen werden sie bis heute gejagt.

TATSACHE

Heute erobern Wölfe nach und nach Teile ihres ehemaligen Verbreitungsgebietes zurück – wie etwa in Mitteleuropa.

RÜCKKEHR DER WÖLFE

Bemerkenswert ist deshalb die Rückkehr der Wölfe nach Mitteleuropa, das sie über zwei Routen wieder besiedeln. Zum einen wandern Tiere aus Osteuropa Richtung Westen, zum anderen gelangen gelegentlich Wölfe aus dem Alpenraum Richtung Norden. In Mitteleuropa treffen sich die Wanderrouten. Dort erleben die Tiere nun ein erstaunliches Comeback.

Auch aus weiten Teilen der USA waren Wölfe verschwunden. In den Jahren 1995–1997 wurden sie vom Menschen im Yellowstone-Nationalpark wieder erfolgreich angesiedelt. Die Tiere haben sich gut etabliert und besiedeln inzwischen auch Reviere in der Umgebung.

UMSTRITTENE VIELFALT

Es gibt weiße und schwarze Wölfe, graue und braune, und sie können sich erheblich in Größe und Gewicht unterscheiden – je nachdem, wo sie herkommen.

Wie der Polarfuchs hat sich auch der Polarwolf mit einem dichten, weißen Pelz an sein eisiges Umfeld angepasst. Es gibt aber einen Unterschied: Er ist keine eigenständige Tierart, sondern eine *Unterart* vom Wolf. Das erkennst du an seinem wissenschaftlichen Namen, der noch eine dritte Bezeichnung enthält: Er heißt *Canis lupus arctos*.

Je nach Lebensraum und Klima unterscheiden sich Wölfe in Aussehen, Größe und Gewicht.

Biologen sprechen von Unterarten, wenn sich Wildtiere einer Region deutlich von Artgenossen einer anderen Region unterscheiden. Im Wesentlichen gelten sie als Angehörige einer Art, solange sie fruchtbare Nachkommen haben können. Früher wurden zur Unterscheidung vor allem äußerliche Merkmale herangezogen wie Größe, Gewicht und Färbung sowie das Skelett. Inzwischen spielen auch genetische Daten, also das Erbgut der Tiere, eine wichtige Rolle. Die Beurteilung der Funde ist eine Ermessensfrage und Forscher streiten schon lange darüber, wie viele Unterarten vom Wolf existieren. Manche geben 38 an, andere nur elf.

IN HITZE UND KÄLTE

Der Indische Wolf

Die extremsten Lebensräume für Wölfe sind heiße Wüsten und die nördliche Polarregion. Dort lebt der Polarwolf, der nicht nur durch seinen dichten, weißen Pelz auffällt, sondern auch besonders groß ist. Das verschafft ihm im Verhältnis zum Volumen eine kleinere Oberfläche – er kann Wärme besser speichern. Beim Indischen Wolf ist es umgekehrt. Er hat ein kürzeres Fell und ist deutlich kleiner. Im Verhältnis zum Volumen hat er eine größere Oberfläche. So kann er Wärme leichter abgeben und kommt in der Hitze besser zurecht. In den gemäßigten Breiten dazwischen leben verschiedene Unterarten mittlerer Größe wie der Eurasische Wolf. Als Anpassung an die schwankenden Temperaturen wechselt er zwischen Sommer- und Winterhalbjahr das Fell. Das Winterfell isoliert gut gegen Kälte und lässt ihn besonders flauschig und groß erscheinen.

AUSGESTORBEN: BEUTELWOLF

Der Beutelwolf ist nicht mit dem eigentlichen Wolf verwandt. Es handelt sich um ein Beuteltier aus Australien, das seit 1936 als ausgestorben gilt.

WOLF UND HUND

Der Hund ist eine Unterart vom Wolf, die durch *Domestikation* entstanden ist. So nennt man die Entwicklung von Wildtieren zu Haus- oder Nutztieren. Dies geschieht, wenn Wildtiere durch Menschen von ihren Artgenossen getrennt und vermehrt werden. Sie bilden dann irgendwann eigene Merkmale aus, weil sich ihr Erbgut nicht mehr mit dem der wilden Vorfahren vermischt. So hat der Mensch gezielt verschiedene Hunderassen gezüchtet, etwa Jagd- und Hütehunde. Der Wolf ist also der Stammvater sämtlicher Hunderassen, von denen es einige schon seit vielen tausend Jahren gibt.

Als frühe Siedler Haushunde nach Australien brachten, geschah das Gegenteil: Die Hunde verwilderten. Aus ihnen entwickelten sich Dingos, die große Teile Australiens besiedelten. Gemeinsam mit menschlichen Jägern verdrängten sie ein einheimisches Beuteltier, das ihnen sehr ähnlich sah – den Beutelwolf.

TATSACHE

Dingos sind keine echten Wildhunde, sondern verwilderte Haushunde. Sie leben in Australien ähnlich wie Wölfe.

WÖLFE
UND IHRE VERWANDTEN

Der Wolf mit seinen Unterarten bildet nur einen Zweig im Stammbaum der Wildhunde. Zu seinen Verwandten zählen Kojoten, Schakale und Füchse.

Die Tiergruppe der Wildhunde ist sehr vielfältig und fast weltweit verbreitet. Sie umfasst 35 Arten, wobei manche Wissenschaftler vermuten, dass es auch mehr sein könnten. Neben den eigentlichen Wölfen, also den Unterarten des *Canis lupus*, gibt es nur wenige andere große Wildhund-Arten. Kojoten und Schakale sind eng mit dem Wolf verwandt, aber kleiner.

Noch kleiner sind die Füchse. Zu ihnen gehört auch der Wüstenfuchs, der kleinste aller Wildhunde. Manchmal sind Aussehen und Name etwas verwirrend. So wirkt das Tier links auf den ersten Blick zwar wie ein Fuchs, es ist jedoch ein Äthiopischer Wolf aus Afrika. Um einen »echten« Wolf handelt es sich aber auch nicht.

DER WOLF UND DER WALD

Die meisten Menschen verbinden Wölfe mit unberührten, wilden Wäldern – in so einem Gebiet lebt dieser Wolf aus Finnland. Tatsächlich können Wölfe in ganz verschiedenen Landschaften existieren, solange Nahrung und Rückzugsmöglichkeiten vorhanden sind. Es muss nicht immer Wald sein.

DER WOLF, EIN LEBENSKÜNSTLER

Wölfe sind Generalisten: Sie sind nicht auf bestimmte Nahrungsquellen angewiesen und können in unterschiedlichen Lebensräumen zurechtkommen. Sie haben jedoch Vorlieben.

Wölfe jagen am liebsten Huftiere. Bei uns sind das vor allem Rehe, Hirsche und Wildschweine, in den Alpen auch Gämsen. Im Norden stellen sie Elchen, Rentieren und Moschusochsen nach und in den Trockengebieten Asiens Antilopen. In Nordamerika wagen sie sich sogar an Bisons, die großen Wildrinder. Wenn sie bei der Jagd nach Huftieren nicht erfolgreich sind, erbeuten Wölfe Hasen und andere Kleintiere und fressen notfalls auch Aas, also bereits tote Tiere. An der Westküste Kanadas gibt es Küstenwölfe, die sich zeitweise überwiegend von durchziehenden Lachsen ernähren.

Küstenwölfe in Kanada fangen sogar Fisch.

Manche Wolfsverwandte wie Kojoten und Rotfüchse dringen sogar in Siedlungen vor, wo sie viel Futter in den Abfällen finden. Es gibt aber auch Wildhunde, die auf bestimmte Beute spezialisiert sind. Der Äthiopische Wolf jagt fast nur Nagetiere und der Löffelhund aus den Savannen Afrikas ernährt sich überwiegend von Insekten, besonders gerne von Termiten.

FÜCHSE

Wenn von einem Fuchs die Rede ist, denkt man in unserer Gegend sofort an den heimischen Rotfuchs (Bild oben). Tatsächlich werden aber viele verschiedene kleinere Wildhund-Arten als Füchse bezeichnet. Manche davon sehen sich sehr ähnlich, sind aber nicht näher miteinander verwandt. Einige sind auf bestimmte Lebensräume spezialisiert – wie der kleine Wüstenfuchs aus der Sahara oder der Polarfuchs aus der nördlichen Polarregion, der im Winter einen dichten, weißen Pelz trägt. Der Rotfuchs ist fast auf der gesamten Nordhalbkugel verbreitet. Früher wurde er intensiv verfolgt, weil er Tollwut übertragen kann. Durch Impfungen wurde dieser Ausbreitungsweg in Deutschland inzwischen gestoppt. Er überträgt aber den Fuchsbandwurm, der auch Menschen gefährlich werden kann. Die cleveren Rotfüchse besiedeln sogar Großstädte wie Berlin und London.

SCHAKALE

Schakale sind mittelgroße Wildhunde, die eng mit dem Wolf verwandt sind. Der Streifenschakal (Bild oben) und der Schabrackenschakal kommen nur in Afrika vor. Der Goldschakal ist darüber hinaus auch vom tropischen Asien bis zum Balkan verbreitet. Von dort wandern einzelne Tiere gelegentlich sogar bis nach Deutschland. Aufgrund genetischer Untersuchungen sind manche Wissenschaftler der Ansicht, dass es sich bei den in Afrika vorkommenden Goldschakalen um eine eigene Art handelt, die sie *Afrikanischer Goldwolf* genannt haben. Schakale ernähren sich von vielfältigen Nahrungsquellen und finden sich deshalb in verschiedenen Lebensräumen zurecht. Sie jagen kleine Tiere aller Art, fressen aber auch Aas oder Früchte.

TATSACHE

Der Goldschakal ist eines der wenigen Säugetiere, dessen Bestände und Verbreitungsgebiet gegenwärtig zunehmen.

GROSSE WILDHUNDE

Neben den eigentlichen Wölfen gibt es noch einige andere große Wildhund-Arten. Wie nah sie mit dem Wolf verwandt sind, erkennst du an ihren wissenschaftlichen Namen.

Du weißt ja schon, dass der wissenschaftliche Name des Wolfs *Canis lupus* lautet, wobei *Canis* die Gattung bezeichnet und *lupus* die Art. Alle Wildhund-Arten, die ebenfalls den Gattungsnamen *Canis* tragen, sind mit dem Wolf also näher verwandt. Dies trifft auf den Kojoten, den Rotwolf und den Äthiopischen Wolf zu. Die drei Wildhunde auf der rechten Seite bilden separate Linien und werden in eigenen Gattungen geführt. Der Mähnenwolf ist schon durch seine langen Beine und die namensgebende Mähne am Hals eine Besonderheit. Außerdem ist er der einzige große Wildhund, der in Südamerika vorkommt. Abgesehen vom Kojoten sind all diese Arten bereits gefährdet oder sogar vom Aussterben bedroht.

KOJOTE

Canis latrans

Ein äußerst anpassungsfähiger Wildhund mittlerer Größe. Er besiedelt die unterschiedlichsten Lebensräume wie Wüsten, Prärien und Wälder, kommt aber auch in Vorstädten zurecht. Er lebt meist paarweise oder im Familienverband, manchmal bilden sich auch größere Rudel.

74–94 cm plus Schwanz, 8–16 kg

vielseitige Ernährung; Insekten bis größere Säugetiere

fast ganz Nordamerika von Mittelamerika bis Alaska

nicht bedroht, Bestand wächst

ROTWOLF

Canis rufus

Der Rotwolf ist wahrscheinlich ein Hybrid, also ein Mischling, aus Wolf und Kojote, hat aber eigene Merkmale entwickelt. Ob es sich um eine eigenständige Art handelt, ist unklar. Er war in freier Natur ausgestorben und wurde vom Menschen in Teilen seines ehemaligen Verbreitungsgebietes wieder angesiedelt.

100–125 cm plus Schwanz, 20–34 kg

vielseitige Ernährung; kleine bis größere Wirbeltiere

ehemals östliche USA, wieder angesiedelt in North Carolina

vom Aussterben bedroht, Bestand nimmt ab

ÄTHIOPISCHER WOLF

Canis simensis

Ein Wildhund mittlerer Größe aus den Hochgebirgen des östlichen Afrikas. Er ist darauf spezialisiert, allein große Nagetiere zu jagen. Dennoch lebt der Äthiopische Wolf in Rudeln, um gemeinsam ein Territorium zu verteidigen und Junge aufzuziehen.

85–100 cm plus Schwanz, 11–19 kg

ernährt sich fast ausschließlich von Nagetieren

kleine Restbestände in den Hochgebirgen Äthiopiens

vom Aussterben bedroht, Bestand nimmt ab

ASIATISCHER WILDHUND *Cuon alpinus*

Asiatische Wildhunde werden auch Rothunde genannt und waren einst im östlichen Asien weitverbreitet. Sie besiedeln unterschiedliche Lebensräume: von kalten Hochebenen bis zu tropischen Wäldern. Ein Rudel kann aus bis zu 25 Tieren bestehen.

- 90–135 cm plus Schwanz, 10–20 kg
- jagen im Rudel Huftiere bis zur Größe von Hirschen
- isolierte Vorkommen in Ost- und Südostasien
- stark gefährdet, Bestand nimmt ab

AFRIKANISCHER WILDHUND *Lycaon pictus*

Diese Wildhunde kamen einst in weiten Teilen Afrikas südlich der Sahara vor. Sie leben in lichten Wäldern und Grasland und bilden mitunter große Rudel mit bis zu 30 Tieren. Teamarbeit und die Gemeinschaft sind für Afrikanische Wildhunde von zentraler Bedeutung.

- 85–140 cm plus Schwanz, 18–34 kg
- jagen im Rudel Huftiere bis zur Größe von Gnus
- isolierte Vorkommen im östlichen und südlichen Afrika
- stark gefährdet, Bestand nimmt ab

MÄHNENWOLF *Chrysocyon brachyurus*

Der südamerikanische Mähnenwolf hat besonders lange Beine. So behält er im hohen Grasland, wo er auf Nahrungssuche geht, den Überblick. Mähnenwölfe leben paarweise, sind aber oft allein unterwegs. Sie ernähren sich nicht nur von Tieren, sondern auch von Pflanzen.

- 95–115 cm plus Schwanz, 20–30 kg
- jagt meist allein Kleintiere, frisst aber auch Früchte
- lebt in ausgedehntem Gras- und Buschland Südamerikas
- leicht gefährdet, Bestandsentwicklung unbekannt

Diese jungen Afrikanischen Wildhunde sind Geschwister, haben aber ganz unterschiedliche Augenfarben.

SINNE

UND VERSTÄNDIGUNG

Berühmt sind Wölfe für ihr Heulen. Tatsächlich ist das nur eine von mehreren Methoden, mit denen sich Wölfe untereinander verständigen können.

Wenn Tiere als Einzelgänger leben, spielt die Verständigung mit Artgenossen keine große Rolle. Dies ist beispielsweise bei den meisten Bären der Fall. Sie geben selten Laute von sich und haben auch keine ausgeprägte Mimik. Das heißt, dass ihr Gesichtsausdruck fast immer gleich ist und kaum Stimmungen ausdrückt.

Ganz anders sieht es bei Wölfen aus. Sie leben in Gemeinschaften, den sogenannten Rudeln, und müssen miteinander kommunizieren. Sie können verschiedene Gesichtsausdrücke zeigen und über ihre Körperhaltung Stimmungen mitteilen. Zudem verständigen sie sich über unterschiedliche Laute und setzen Duftmarken als Signale.

DROHEN STATT KÄMPFEN

Für Wölfe ist es wichtig, immer gesund und unverletzt zu bleiben, damit sie jagen können. Daher versuchen sie, unnötigen Auseinandersetzungen aus dem Weg zu gehen.

Wölfe sind kraftvolle Raubtiere. Sie müssen daher aufpassen, dass sie sich nicht gegenseitig mit ihrem starken Gebiss verletzen.
In Wolfsrudeln kann es auch zu Spannungen kommen. Wenn Jungtiere aufwachsen, sind spielerische Auseinandersetzungen häufig. Junge Wölfe streiten sich um Spielzeuge wie etwa alte Knochen, oder sie fordern Artgenossen zum Spielen auf, die lieber ihre Ruhe hätten. Außerdem betteln sie ständig um Futter – selbst wenn die Alten nichts zu bieten haben. Entsprechend wild geht es zu, wenn tatsächlich Nahrung verteilt wird. Wirklich ernst wird es schließlich, wenn Wölfe aus unterschiedlichen Rudeln aufeinandertreffen und ihr Revier verteidigen. Um Verletzungen zu vermeiden, senden Wölfe mit ihrer Körperhaltung und Mimik Signale. Die Mimik, also die Fähigkeit, mit dem Gesicht Stimmungen auszudrücken, ist bei den Wölfen besonders ausgeprägt.

Ein junger Wolf bettelt um Nahrung, während sein Artgenosse Dominanz signalisiert.

STIMMUNGSBAROMETER

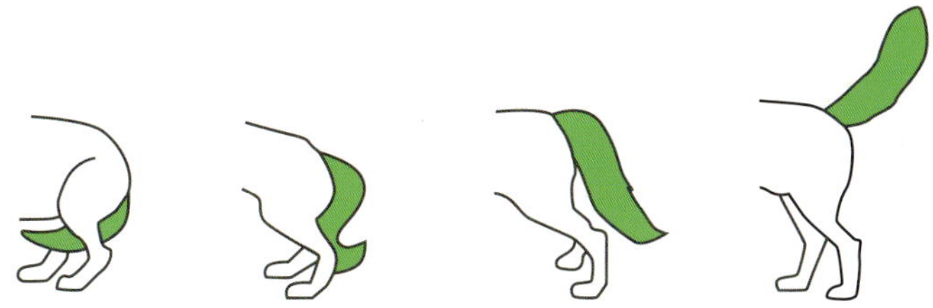

Wenn sich Wölfe begegnen, kommunizieren sie durch Körpersprache. Ein wichtiges Signal ist die Haltung des Schwanzes, der sogenannten Rute. Will ein Wolf einem Artgenossen imponieren, reckt er die Rute selbstbewusst in die Höhe. Trägt er sie leicht eingeklemmt zwischen den Hinterbeinen, mit nach außen gewendeter Spitze, zeigt er sich demütig und ordnet sich unter. Ein ängstlicher Wolf zieht die Rute komplett zwischen die Hinterläufe.

Auch die Haltung der Ohren sendet wichtige Signale. Sind sie nach vorne gerichtet, so ist der Wolf aufmerksam und selbstsicher, nach hinten gelegte Ohren signalisieren Unsicherheit oder Angst. Ein drohender Wolf fletscht zusätzlich zur aufrechten Ohrenhaltung die Zähne. Der unterlegene Wolf reagiert dann gelegentlich mit sichtbarer Unterwerfung. Er versucht, so klein wie möglich zu erscheinen, kauert sich auf den Boden, legt die Ohren an und vermeidet jedes Zeichen von Aggression.

Bei der Kommunikation der Wölfe werden diese unterschiedlichen Elemente der Körpersprache miteinander kombiniert. So ist eine klare Verständigung mit vielen Zwischentönen möglich. Drohgebärden, Dominanz und Unterwürfigkeit dienen letztlich dazu, Kämpfe und Verletzungen zu vermeiden.

VERSTÄNDIGUNG ÜBER KILOMETER HINWEG 001

Das Heulen der Wölfe mag für viele Menschen immer gleich klingen, tatsächlich gibt es aber unterschiedliche Formen mit vielen Funktionen. Besonders häufig ist Wolfsgeheul abends kurz nach Sonnenuntergang zu hören. Dabei rufen sich die Mitglieder eines Rudels zusammen, wenn sie sich tagsüber getrennt haben. Zudem dient es zur akustischen Reviermarkierung, also zur Abgrenzung gegenüber fremden Wölfen. Auch einzelne Wölfe auf Wanderschaft, die ein neues Rudel gründen wollen, versuchen manchmal, über das Heulen Kontakt zu Artgenossen des anderen Geschlechts aufzunehmen. Auf kürzere Distanz können sich Wölfe auch durch eine Vielzahl von Lauten wie Jaulen, Wuffen oder Knurren verständigen.

WEITREICHENDE FREQUENZ

Wölfe können das Heulen eines Artgenossen etwa 6 km weit hören, bei idealen Bedingungen und guten Windverhältnissen sogar bis zu 10 km weit.

GESPITZTE OHREN

Wölfe können ihre Ohrmuscheln unabhängig voneinander bewegen, um ein Geräusch zu orten. Sie hören Töne bis zu Frequenzen von etwa 40 Kilohertz, Menschen dagegen nur bis rund 20 Kilohertz.

SINNE DER WÖLFE

Riechen, Hören, Sehen – der Wolf punktet in jeder Disziplin. Seine hervorragenden Sinne machen den Wolf zu einem der erfolgreichsten Raubtiere der Erde.

Wölfe nehmen Menschen meist frühzeitig wahr und weichen aus, denn ihre Sinnesleistungen sind unseren deutlich überlegen. Ein Wolf kann gut hören, sein Geruchssinn ist hervorragend und in der Dämmerung kann er sehr gut sehen. Daher stehen die Chancen auf eine Wolfsbegegnung am besten, wenn einen das Tier gar nicht erst wahrnimmt. Der Wind muss günstig stehen, man muss sich ruhig verhalten und darf optisch nicht auffallen. 002

Ihre extrem guten Sinnesleistungen helfen Wölfen dabei, Gefahren früh zu erkennen und zu vermeiden. Sie spielen auch eine wichtige Rolle bei der Verständigung im Rudel – und sie sind die Voraussetzung für ihren Jagderfolg. Mit ihrer feinen Nase können Wölfe andere Tiere über große Entfernungen aufspüren: Sie »wittern« ihre Beute. Dabei nehmen sie Duftspuren auf, die ihnen Informationen über Art, Verfassung und Aufenthalt der Tiere liefern.

VOLL IM BLICK

Wolfswelpen kommen mit geschlossenen Augen auf die Welt. Das ist kein Nachteil, denn in der Wurfhöhle ist es ohnehin dunkel. Später entwickeln sich die Augen aber zu wichtigen Sinnesorganen, die gut an die Lebensweise der Tiere angepasst sind. Wölfe sehen weniger Farben als wir Menschen, dafür aber im Dunkeln umso besser. Da sie häufig nachts und in der Dämmerung aktiv sind, verfügen sie über besonders viele Nervenzellen im Auge, die schon auf schwaches Licht reagieren. Die Augen des Wolfs sind nach vorn gerichtet, sodass sich deren Sichtfelder überschneiden. Das ist charakteristisch für viele Raubtiere und ermöglicht räumliches Sehen. Wölfe reagieren besonders auf Bewegungen, ein regungsloses Tier erkennen sie dagegen nur schwer.

FEINFÜHLIGE WESEN

Wölfe haben auch empfindliche Tasthaare. Sie helfen den hilflosen Welpen dabei, sich in der dunklen Wurfhöhle zurechtzufinden.

Diese Welpen haben ihre Augen erst kürzlich geöffnet.

DUFTNOTEN

Wenn einem Wolf ein interessanter Duft in die Nase steigt, schnüffelt er manchmal minutenlang herum. Er scheint mit der Nase am Boden regelrecht »lesen« zu können, wann welches Tier den jeweiligen Ort besucht hat. So erfährt er, ob Rudelmitglieder dort waren, fremde Wölfe oder mögliche Beutetiere.

Seine Supernase ist vergleichsweise groß und beherbergt rund 250 Millionen Riechzellen. Das sind etwa zehnmal mehr als beim Menschen. Wölfe nehmen Gerüche also erheblich besser wahr als wir und sie erhalten auf diesem Weg sehr genaue Informationen.

Sie riechen nicht nur, ob ein anderer Wolf anwesend war. Sie können auch das Individuum erkennen, sein Alter, sein Geschlecht oder seine Verfassung. Wölfe hinterlassen Gerüche vor allem durch Urin und Kot. Aber auch ihre Spuren können duften, weil sich auf ihren Zehenballen Schweißdrüsen befinden.

TATSACHE

Bei günstigem Wind können Wölfe Gerüche, etwa von möglichen Beutetieren, aus bis zu 2 km Entfernung wahrnehmen.

AUF DER

JAGD

Allein oder im Team – je nach Verbreitungsgebiet, Größe der Beute und Situation wenden Wölfe unterschiedliche Jagdstrategien an.

Wölfe sind erfolgreiche Jäger, weil sie sich auf unterschiedliche Bedingungen einstellen können. Sie jagen in der Regel die Tiere, die in ihrem Revier am häufigsten vorkommen oder sich am leichtesten erbeuten lassen. Ihr Beutespektrum reicht vom Hasen bis zum Elch, von der Maus bis zum Moschusochsen.

In Deutschland sind Rehe die häufigsten Beutetiere. Tiere dieser Größe kann auch ein einzelner Wolf überwältigen. Deshalb jagen Wölfe gelegentlich allein, selbst wenn sie Teil eines Rudels sind. Am Ende wird die Beute geteilt. Diese Strategie kann für die Gruppe einträglicher sein als die gemeinsame Jagd. Bei großen, wehrhaften Beutetieren arbeitet das Rudel zusammen.

STARKER BISS

Wölfe töten ihre Beute mit einem Biss in die Kehle. Mit Rehen werden sie leicht fertig. Größere Tiere versuchen sie oft durch Bisse in die Beine zu Fall zu bringen. Oder sie verletzen das Tier und warten, bis es geschwächt ist.

CLEVERE JÄGER

Ein gesundes Reh kann fliehen, ein stattlicher Hirsch weiß sich zu wehren – Wölfe müssen immer ihre Erfolgschancen abwägen. Deshalb jagen sie nach Möglichkeit »leichte Beute«.

Wenn Wölfe auf die Jagd gehen, achten sie stets auf alte und kranke Tiere und halten zugleich Ausschau nach unerfahrenen Jungtieren. Sie müssen ihre Kräfte gut einteilen – das gilt sowohl für wandernde Einzelgänger als auch für Rudelmitglieder, die zusätzlich den Nachwuchs ernähren müssen. Im Frühjahr stellen Wölfe besonders gern Frischlingen nach, denn diese sind die ersten jungen Huftiere des Jahres. Wenn die Wildschweine größer und wehrhafter werden, steigt bei der Jagd der Anteil an Hirschkälbern. Da es in Deutschland sehr viele wild lebende Huftiere gibt, richten Wölfe keinen Schaden an, sondern helfen dabei, deren Zahl auf natürliche Weise zu regulieren. Indem sie kranke und schwache Tiere erbeuten, sorgen sie ganz nebenbei dafür, dass der Wildbestand gesund bleibt. 003

Hier kommt Futter für den Nachwuchs.

SIE FRESSEN, WAS SIE KRIEGEN KÖNNEN

Die Zusammensetzung der Wolfsnahrung ist abhängig von den vorkommenden Beutetieren und schwankt je nach Jahreszeit. Das lässt sich mit der Untersuchung von Kot gut belegen, weil darin noch unverdauliche Reste wie Knochensplitter oder Haare enthalten sind.

Über viele Jahre wurden Kotproben in Sachsen im Osten Deutschlands untersucht. Die Auswertung ergab, dass Rehe mehr als die Hälfte der Wolfsnahrung ausmachen, gefolgt von Wildschweinen und Rothirschen. Nur rund ein Prozent der Nahrung besteht aus Nutztieren wie Schafen. Sie werden zur Beute, wenn es den Wölfen zu leicht gemacht wird, an sie heranzukommen. Wölfe wählen ihre Beute auch danach aus, wie riskant die Jagd ist. Sie wären durchaus in der Lage, auch völlig gesunde, erwachsene Wildschweine und Rothirsche zu überwältigen. Das Risiko, bei einem solchen Kampf verletzt zu werden, wäre jedoch sehr hoch. 004

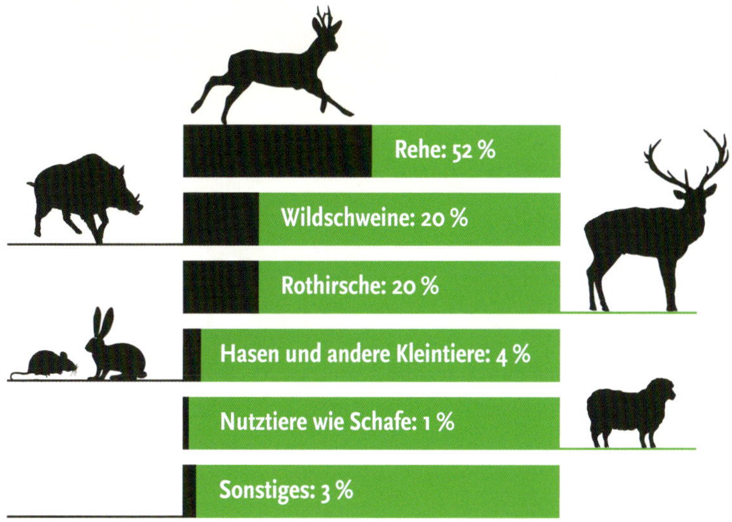

HUNGRIGE MÄULER

Wölfe fressen am liebsten Muskelfleisch. Meist lassen sie Knochen mit Fleischresten zurück. Darauf haben es viele andere Tiere abgesehen. Bald erscheinen Raben, Krähen oder Elstern. Die Rabenvögel machen Platz, wenn sich ein mächtiger Seeadler seinen Anteil holen will. Oft versammeln sich gleich mehrere der großen Greifvögel am Kadaver. Sogar kleine Kohlmeisen picken an den Knochen nach Fleischresten. Füchse und andere Säugetiere kommen oft erst im Schutz der Dunkelheit. Auch Wildschweine ernähren sich als Allesfresser durchaus von Fleisch, wenn sie dazu Gelegenheit haben. Eine Wildschweinrotte zerlegt den Kadaver dann oft komplett. Die letzten Reste dienen verschiedenen Käfern, Fliegen und anderen Insekten als Nahrung und Brutstätte.

TATSACHE

Vögel entdecken Wolfsrisse häufig aus der Luft. Manchmal lässt sich an einer Versammlung von Krähen, Raben oder Elstern erkennen, wo Wölfe Beute gemacht haben.

Diese Rabenkrähe versucht, von der Beute eines Wolfs etwas abzukommen.

HAUT UND KNOCHEN

Die abgenagten Reste eines Rothirschs sind kein eindeutiger Beweis dafür, dass das Tier von Wölfen erlegt wurde. Wenn sich die Gelegenheit bietet, fressen Wölfe auch Aas, also bereits tote Tiere.

JAGDTECHNIKEN

Ob Hetzjagd oder Überraschungsangriff: Die Jagdmethoden der Wölfe erfordern Ausdauer, Schnelligkeit und häufig Teamarbeit, führen aber nicht immer zum Erfolg.

Bei einem Überraschungsangriff kommt es auf Schnelligkeit an: Wölfe können auf Kurzstrecken Geschwindigkeiten von bis zu 60 km/h erreichen. Für die Hetzjagd brauchen sie vor allem Ausdauer. Dabei setzen sie darauf, dass dem Opfer irgendwann die Puste ausgeht.

Ein großer Elch wird von Wölfen umzingelt.

Diese Methode kostet sie aber oft selbst viel Energie. In nördlichen Regionen, wo die Wölfe großen Beutetieren wie Elchen, Bisons oder Moschusochsen nachstellen, ist Teamarbeit unverzichtbar. Dabei probieren die Wölfe, ein Jungtier von seiner Mutter zu trennen, weil es leichter zu überwältigen ist. Gelegentlich wagen sie sich auch an erwachsene Elche. Dann versucht meist ein Wolf, das Tier am Kopf zu packen, während die anderen von den Seiten angreifen. So eine Jagd kann mehrere Stunden dauern.

WEHRHAFTE BEUTE

Wölfe sind bei der Jagd keineswegs immer erfolgreich. Oft werden sie zu früh entdeckt. Gesunde Beute läuft ihnen einfach davon und manche Tiere stellen sich den Angreifern entgegen. So vertrauen Wildschweine oft auf ihre robusten Körper und ihre dolchartigen Eckzähne. Dann müssen die Wölfe abwägen: Ein großes Wildschwein würde das ganze Rudel satt machen, doch schon bei einer kleinen Fehleinschätzung könnten sie selbst verletzt oder sogar getötet werden. Wölfe versuchen immer, das Risiko so gering wie möglich zu halten. Sie testen ihre Beute. Es kann durchaus passieren, dass sie wehrhafte Tiere einige Minuten umkreisen und beobachten.
Wenn das Tier keine Anzeichen von Schwäche zeigt und der Aufwand für einen Kampf zu groß wäre, brechen sie die Jagd ab.

TATSACHE

Moschusochsen bilden gegen Wölfe einen Verteidigungsring. Sie schützen die Jungtiere mit ihren Körpern und strecken den Angreifern die Hörner entgegen.

KONKURRENZ MIT ANDEREN RAUBTIEREN

Im großen Verbreitungsgebiet der Wölfe leben auch viele andere Raubtiere: Füchse, Schakale und Kojoten, Marder wie der Vielfraß, Raubkatzen und Bären. Wenn kleinere Wildhunde oder Vielfraße versuchen, etwas von den Resten der Wolfsrisse zu stehlen, werden sie vertrieben und gelegentlich getötet. Luchse und Pumas scheinen Wölfen meist aus dem Weg zu gehen, konkurrieren aber lokal um die gleichen Beutetiere. In Teilen Asiens überschneiden sich die Verbreitungsgebiete von Wölfen und Tigern. Die großen Raubkatzen haben nachweislich schon Wölfe getötet, scheinen sie aber nach bisherigen Erkenntnissen nicht zu fressen.
Am ausgeprägtesten ist die Konkurrenz zwischen Wölfen und Braunbären – sie stehlen sich gegenseitig die Beute. Wer bei diesen Auseinandersetzungen gewinnt, hängt unter anderem von der Anzahl der Wölfe ab. Dabei kommt es auf beiden Seiten gelegentlich zu Todesfällen.

Ob Wolf oder Bär – wer für das Futter sorgt, ist den Raben egal.

EINIGKEIT

MACHT STARK

Auch wenn Wölfe oft allein gesehen werden – sie sind Teil einer größeren Gemeinschaft. Die Mitglieder eines Rudels halten engen Kontakt zueinander.

Ein entscheidender Faktor, der Wölfe so erfolgreich macht, ist ihr Zusammenhalt. Das Wolfsrudel arbeitet bei wichtigen Aufgaben meist im Team. Etwa bei der Jagd, wenn dies bei größeren Beutetieren sinnvoll ist, bei der Verteidigung des Reviers oder bei der Aufzucht der Jungen. Das Wolfspaar gibt seine Erfahrungen an den Nachwuchs weiter. So werden die Jungen langsam selbstständiger und sind nicht sofort auf sich gestellt.

Die Mitglieder eines Rudels sind in aller Regel eng verwandt, es handelt sich um eine Familie. Eine umkämpfte Rangordnung gibt es unter natürlichen Bedingungen nicht. Allgemein herrscht unter den Rudelmitgliedern ein respektvoller Umgang. 005

EIN WOLFSRUDEL IST EINE WOLFSFAMILIE

Ein Wolfsrudel besteht normalerweise aus dem Elternpaar und seinem Nachwuchs der letzten ein bis zwei Jahre. Ältere Jungtiere helfen oft dabei, die Welpen aufzuziehen.

Wenn sich ein Wolfspaar gefunden hat, bleibt es in der Regel für immer zusammen – es sei denn, einer der Partner stirbt frühzeitig. Normalerweise bringt die Wölfin jedes Frühjahr neue Welpen zur Welt. Jungtiere im zweiten Lebensjahr nennt man Jährlinge. Manche bleiben noch eine Weile im Rudel, helfen bei der Aufzucht der neuen Welpen und passen als Babysitter auf ihre jüngeren Geschwister auf. So haben die alten Wölfe mehr Zeit, um sich auszuruhen oder zu jagen. Die Größe des Rudels schwankt im Jahresverlauf meist zwischen fünf und zehn Tieren. Das hängt unter anderem davon ab, wie viele Junge zur Welt kommen und wann die Heranwachsenden abwandern, um sich ein eigenes Revier zu suchen. 006

TATSACHE

Einzelne Wölfinnen haben im Laufe ihres Lebens 40 bis 50 Junge zur Welt gebracht und so sehr viel zum wachsenden Bestand in Deutschland beigetragen.

KEINE UMKÄMPFTE RANGORDNUNG 007

Häufig wird berichtet, dass Wölfe erbittert um die Herrschaft innerhalb eines Rudels kämpfen würden. Es heißt dann, an der Spitze stünde das »Alpha-Paar« und ganz unten der »Omega-Wolf«. Tatsächlich entstehen solche Rangordnungen nur dann, wenn mehrere geschlechtsreife Wölfe gemeinsam in ein Gehege gesperrt werden und einander nicht ausweichen können. Unter solchen unnatürlichen Bedingungen sind viele Beobachtungen zum Verhalten der Tiere entstanden. Bei wild lebenden Wölfen existiert jedoch keine umkämpfte Rangordnung. Allerdings gibt es eine klare Familienstruktur, die im Wesentlichen auf dem Alter der Tiere basiert. Dabei haben die Eltern eine natürliche Autorität. Alle Jungtiere ordnen sich ihnen unter, wobei die Jährlinge den neuen Welpen überlegen sind.

DAS WESEN DER WÖLFE

Wölfe benötigen verschiedene Eigenschaften, um erfolgreich zu sein. Sie brauchen eine gewisse Neugier, um sich neue Nahrungsquellen erschließen zu können. Letztlich ist Vorsicht für sie aber wichtiger, damit sie überleben. Neben diesen grundsätzlichen Wesenszügen zeichnen sich Wölfe auch durch individuelle Charaktereigenschaften aus. Dies lässt sich gut bei einem Wurf spielender Welpen beobachten. Sie wachsen unter denselben Bedingungen auf, können sich aber unterschiedlich verhalten. Manche sind eher mutig, andere besonders vorsichtig.

Natürlich sind die Welpen noch sehr unerfahren. Sie lernen von den älteren Rudelmitgliedern, wie sie auf ihre Umwelt reagieren sollen. Wenn die alten Wölfe vor Menschen fliehen, übernehmen die jungen dieses Verhalten. Wenn die Alten auf einen Reiz aber nicht reagieren, etwa auf Glockengeläut aus einem benachbarten Dorf, dann stufen die Jungen dieses Geräusch ebenfalls als unbedenklich ein.

008

Dieser Biss in die Kehle ist nur eine spielerische Auseinandersetzung unter Geschwistern.

DAS WOLFS-

JAHR

Die entscheidende Herausforderung für ein Wolfsrudel besteht darin, jedes Jahr erfolgreich die Jungen aufzuziehen. Dabei helfen alle Wölfe mit. 009

Das Jahr beginnt für die Wölfe mit der Paarungszeit, der sogenannten Ranz. Sie liegt im Winter zwischen Januar und März. Später gräbt die Wölfin an einem ruhigen und geschützten Ort eine Höhle, manchmal wird auch über mehrere Jahre dasselbe Versteck genutzt. Dort kommen im Frühjahr die Jungen zur Welt. 010

Alles dreht sich um den Nachwuchs. Wenn das Rudel auf der Jagd ist, bleibt meist einer der Jährlinge bei den Welpen zurück, um auf sie aufzupassen. Die Jungen wachsen und entwickeln sich sehr schnell. Schon nach einem halben Jahr, im Herbst, sind sie kaum noch von den Eltern zu unterscheiden. Selbstständig werden die meisten Jungtiere aber erst im zweiten Lebensjahr.

AUF STREIFZUG

Wenn die Wolfswelpen größer werden, gehen sie gemeinsam auf Entdeckungstour. Übermütig verlassen sie ihr Versteck im Wald, um zu spielen und auf offenen Flächen herumzutoben.

WOLFSSOMMER

Der Sommer ist für die Welpen eine aufregende Zeit. Sie sind jetzt zu groß für die Höhle, aber noch zu klein für die Jagd – also erkunden sie gemeinsam die Umgebung. 011

Ende April oder Anfang Mai kommen die Welpen zur Welt, meist sind es vier bis sechs. Sie sind klein, hilflos, und ihre Augen sind noch geschlossen. Daher verbringen sie ihre ersten Lebenswochen im Schutz einer Höhle. Anfangs ist die Mutter ständig bei ihnen, um sie zu säugen und sich um sie zu kümmern.

Ein Welpe im Alter von acht bis zehn Wochen.

Nach drei bis vier Wochen verlassen die neugierigen Welpen erstmals ihr Versteck und lernen den Rest des Rudels kennen. Sie fressen immer mehr Fleisch und im Alter von sechs bis acht Wochen werden sie von der Mutter entwöhnt – sie trinken dann also keine Milch mehr. Je älter sie werden, desto größere Streifzüge unternehmen sie. Dabei sind die Jungen meist gemeinsam unterwegs. Häufig spielen sie Fangen und raufen miteinander, so trainieren sie ihre Kraft und Geschicklichkeit. Spielerisch erlernen sie Fähigkeiten, die für das Leben in der Gemeinschaft und für die Jagd wichtig sind. Im Sommer entdecken die Welpen gemeinsam die Welt.

TREFFPUNKT DER WÖLFE 012

Wenn die Jungen größer werden, aber noch nicht an der Jagd teilnehmen können, verbringen sie viel Zeit an sogenannten *Rendezvous*-Plätzen. Das sind Treffpunkte der Wölfe. Dort warten die Welpen, wenn die Älteren jagen oder sich ausruhen. Die Jungen spielen viel und sind häufig unter sich. Regelmäßig kommen jedoch Jährlinge vorbei, um nach dem Rechten zu sehen. Besonders groß ist die Freude, wenn ein älteres Familienmitglied mit Futter erscheint. Die Welpen begrüßen den Wolf dann stürmisch und betteln lautstark um ihren Anteil. Wenn die Welpen noch recht klein sind, bringen die Älteren das Futter zu ihnen. Später holen die älteren Wölfe sie ab und führen sie zur Beute. Das ist bequemer. Und es ist einer der Gründe, warum sich die Rendezvous-Plätze immer wieder verlagern.

Welpen betteln bei den älteren Wölfen.

TATSACHE

Mit meinen Fotos konnte ich manchmal nachweisen, wie viele Welpen ein Rudel hat. So konnte ich zur Bestandserfassung der Wölfe beitragen.

JAGDVERSUCHE 013

Der Jagdinstinkt ist den Wölfen angeboren, aber die Technik des Jagens müssen sie erst lernen. Es dauert lange, bis sie erfahrene Jäger werden. Mit spielerischen Raufereien unter den Geschwistern fängt es an. Ziellos beißen sie den anderen in alle möglichen Körperteile und versuchen, ihn irgendwie zu Fall zu bringen. Während sie am Rendezvous-Platz auf die Futterübergabe warten, beginnen sie allmählich, ihre Nahrung selbstständig zu ergänzen. Sie schnappen nach Insekten oder buddeln nach Mäusen. Anfangs müssen Wurzeln, Knochen oder Ähnliches als Übungsobjekte herhalten. Im Alter von sechs bis sieben Monaten beginnen sie dann, das Rudel bei der Jagd zu begleiten. Sie können sich noch nicht wirklich nützlich machen, bekommen aber lebendigen Anschauungsunterricht und sammeln Erfahrungen.

Eine Wurzel ist für diesen jungen Wolf Spielzeug und gleichzeitig Übungsobjekt für die Jagd.

AUF EIGENEN PFOTEN

Wölfe sind territorial. Das bedeutet, dass sie in einem eigenen Revier leben. Doch irgendwann ziehen alle Jungtiere in die Welt hinaus, um ein eigenes Territorium zu finden.

Mit der Zeit werden die Jährlinge immer selbstständiger und unternehmen ausgedehnte Streifzüge, sowohl innerhalb als auch außerhalb des elterlichen Reviers. Meistens wandern sie irgendwann in ihrem zweiten Lebensjahr ab, um sich ein eigenes Territorium zu suchen und eine Familie zu gründen. Das ist gut für das Rudel, weil normalerweise jedes Jahr neue Welpen zur Welt kommen und ein Revier nur einer begrenzten Anzahl von Wölfen Nahrung bietet. Da ein Wolfsrudel sein Revier gegen fremde Artgenossen verteidigt, verteilen sich stets wenige Tiere auf eine große Fläche. Die Größe des Reviers hängt immer von der Anzahl der Beutetiere ab. In Mitteleuropa gibt es sehr viele Wildschweine, Rehe und Hirsche. Trotzdem leben in Deutschland auf 100 km^2 durchschnittlich nur drei bis fünf Wölfe. Wenn der Wolfsbestand wächst, erhöht sich nicht ihre Anzahl an einem Ort – sie verteilen sich über ein größeres Gebiet.

WÖLFE BRAUCHEN KEINE WILDNIS

Für viele Menschen sind Wölfe ein Symbol für Wildnis. Sie verbinden sie mit endlosen, unbesiedelten Weiten. Natürlich können Wölfe in solchen ursprünglichen Landschaften gut leben, sie kommen aber auch in unserer Kulturlandschaft bestens zurecht. Sie brauchen nur ruhige Rückzugsgebiete und genug Nahrung in der Nähe. Ihre Lebensräume können daher recht vielfältig sein. Wölfe besiedeln ausgedehnte Wälder, aber auch Kiesgruben oder Tagebaulandschaften, in denen einst Kohle gefördert wurde. Häufig sind sie auf militärischen Übungsplätzen zu finden, obwohl dort in einigen Bereichen bei Manövern immer wieder scharf geschossen wird. Ob diese Flächen nach menschlichem Ermessen wild oder schön sind, ist den Tieren egal. Und da es in Deutschland noch sehr viele mögliche Lebensräume für Wölfe gibt, wächst ihr Bestand weiterhin.

DAS REVIER

In Deutschland haben Wolfsreviere eine durchschnittliche Größe von etwa 200 km². Zum Vergleich: Die Stadt Köln ist etwa 400 km² groß. Dort leben über 1 Million Menschen, es hätten aber nur zwei Wolfsfamilien Platz.

EINEN PARTNER FINDEN

Wölfe brauchen nicht nur ein eigenes Revier, sondern auch einen Partner oder eine Partnerin, um ein neues Rudel zu gründen. Manche jungen Wölfe lassen sich in direkter Nachbarschaft des elterlichen Reviers nieder, wenn das möglich ist. Doch wo viele Wölfe leben, sind freie Reviere knapp. Daher legen manche Tiere auf ihren Wanderungen hunderte von Kilometern zurück. Sie versuchen dann, über Duftmarken und Heulen einen Artgenossen zu finden.

Obwohl der Wolfsbestand in Mitteleuropa stetig wächst, sind nicht alle Tiere bei der Partnersuche erfolgreich. So lebte in den Wäldern von Nordhessen jahrelang ein Wolf, der nie eine Gefährtin fand. Er starb schließlich als Junggeselle. Auch in Thüringen blieb eine Wölfin lange allein. Sie ließ sich daraufhin mit einem Hund ein – eine sehr seltene Ausnahme. Solche Schwierigkeiten treten meist an den Rändern der Verbreitungsgebiete auf, wo weniger Wölfe leben.

TATSACHE

Theoretisch können Wölfe auf der Suche nach einem neuen Revier jederzeit fast überall in Deutschland auftauchen. Das ist der sprichwörtliche »einsame Wolf«.

WÖLFEN AUF DER SPUR

Weil es sehr schwer ist, Wölfe in freier Wildbahn zu beobachten, müssen sich Forscher Tricks einfallen lassen, um mehr über die Tiere zu erfahren.

Die Wissenschaftler haben viele Fragen: Wie entwickelt sich der Wolfsbestand? Wo siedeln sich die Tiere an und aus welchen Rudeln stammen sie? Wie verlaufen die Wanderungen der Wölfe? Und vieles mehr …

Den Wölfen auf die Spur zu kommen, ist gar nicht so leicht. Die Pfotenabdrücke – auch Trittsiegel genannt – ähneln denen großer Hunde. Wenn die Spuren schon älter oder von anderen überlagert sind, ist die Zuordnung noch schwerer. Deswegen ist Regen willkommen. Er spült alte Fährten weg und stellt gewissermaßen »alles auf null«. Alle Spuren, die die Fährtenleser nach dem Regen finden, sind also ganz frisch und geben Hinweise auf den Aufenthaltsort der Wölfe. Auch im Neuschnee klappt das sehr gut.

AUF SENDUNG

Durch Halsbandsender weiß man, dass Wölfe aus Deutschland lange Wanderungen unternehmen und dabei auch Flüsse durchqueren. Einer legte sogar eine Strecke von 1.500 km zurück.

SMS VOM WOLF

Die Datenerfassung in der Wildtierforschung nennt man »Monitoring«. Eine Methode ist die Telemetrie: Dafür wird einzelnen Wölfen ein Halsband mit einem Sender angelegt.

Ganz selten werden in Deutschland zu wissenschaftlichen Zwecken Wölfe gefangen. Keine leichte Aufgabe, denn die Tiere sind clever und vorsichtig. Für den Fang wird eine gepolsterte Fußfalle verwendet, die den Wolf festhält, aber nicht verletzt. Sobald die Falle auslöst, bekommen die Forscher ein Signal, damit sie sich sofort um das Tier kümmern können. Es wird kurzzeitig betäubt, vermessen und untersucht. Anschließend bekommt der Wolf einen Halsbandsender umgelegt. Nach etwa einer Stunde wacht er langsam wieder auf und wird dann unbeschadet in die Natur entlassen.

Der Sender steht mit Satelliten in Kontakt und kann über GPS seine Position selbst bestimmen. Daher nennt sich das Verfahren Satelliten-Telemetrie. Früher mussten Wissenschaftler mit einer Richtantenne ins Gelände und den Sender anpeilen, um den Wolf zu orten. Heute werden die Daten automatisch über das Mobilfunknetz weitergeleitet – die Forscher erhalten sie per SMS direkt vom Wolf. Um die Batterie zu schonen, ist das Gerät aber nicht ständig auf Sendung. Doch im Idealfall bekommen die Forscher jahrelang Informationen über seine Aktivität und Wanderungen.

SPURENKUNDE – WER WAR HIER UNTERWEGS?

Selbst für Experten sind Wolfsspuren nicht leicht zu erkennen – ein einzelner Pfotenabdruck lässt sich von dem eines gleich großen Hundes nicht zweifelsfrei unterscheiden. Eine Fährte mit mehreren Trittsiegeln macht die Zuordnung einfacher, denn Wölfe bewegen sich zielorientiert und kräftesparend und nehmen deshalb gern den direkten Weg. Ihre Fährte verläuft also meist sehr gradlinig. Anders als Haushunde laufen sie dabei oft über weite Strecken im »geschnürten Trab«, einer für sie typischen Gangart. Dabei entstehen Doppelabdrücke wie etwa auf dem Foto oben. Beim geschnürten Trab sieht es so aus, als wären die Trittsiegel wie auf einer Perlenschnur aufgereiht. Hunde dagegen laufen eher planlos herum, springen und schnüffeln mal hier und mal da.

GESCHNÜRTER WOLFS-TRAB

Bei dieser Gangart setzt der Wolf die kleinere Hinterpfote in das Trittsiegel der größeren Vorderpfote. Das spart Energie. Manchmal laufen sogar mehrere Wölfe hintereinander in derselben Spur.

TATSACHE

Bevor ich fotografieren gehe, versuche ich, anhand der Spuren herauszufinden, wo sich die Wölfe aufhalten und ob sich das Warten lohnen könnte.

Hinweise auf Nachwuchs liefern »Spielplätze«: Wolfswelpen toben gerne über freie Flächen. Auf sandigem Untergrund ist dann alles »zerspielt« und mit Welpenspuren übersät. Sie ähneln den Trittsiegeln der erwachsenen Wölfe, sind aber kleiner und runder. Einzelne Welpenspuren lassen sich leicht mit Trittsiegeln von Füchsen oder kleinen Hunden verwechseln.

FOTOFALLEN – DIE AUGEN DER FORSCHER

Ein sehr hilfreiches Mittel bei der Erforschung der Wölfe sind Fotofallen. Dabei handelt es sich um gut getarnte Automatikkameras, die über Bewegungsmelder ausgelöst werden und rund um die Uhr im Einsatz sind.

Viele Modelle arbeiten nachts mit Infrarotlicht, das die Tiere nicht wahrnehmen. Die Qualität der Fotos ist zwar meist nicht besonders gut, aber die Informationen, die sie über die Anwesenheit und Aktivitäten der Wölfe liefern, sind sehr wertvoll. Ein großer Vorteil ist auch, dass sie die Tiere nicht stören. Hunderte dieser Kameras hängen in Regionen, in denen Wölfe vorkommen oder vermutet werden. Ganz nebenbei zeichnen sie auch auf, welche weiteren Arten, beispielsweise Beutetiere, in einem Gebiet leben.

»VOLL KACKE«

Jedes Jahr werden rund 1.000 Proben Wolfskot aus ganz Deutschland von einem eigens dafür zuständigen Labor des Senckenberg Forschungsinstituts untersucht. So lassen sich die Ergebnisse gut vergleichen.

MÜHSAME ARBEIT

Das Sammeln von Wolfskot gehört sicher nicht zu den schönsten Aufgaben von Wissenschaftlern und Wolfsbeauftragten – aber so lässt sich eine Menge erfahren.

Der Kot kann uns viel über Nahrung und Herkunft der Wölfe erzählen! Zum einen enthält er Haare und Knochensplitter der Beutetiere. So lässt sich sehr genau ermitteln, was die Wölfe gefressen haben. Wenn der Kot noch frisch ist, haften an seiner Oberfläche zudem oft Zellen aus der Schleimhaut des Darms. Sie enthalten die DNA, also das Erbgut des Tieres. Bei ihrer Untersuchung können Wissenschaftler feststellen, wo der Wolf herkommt, aus welchem Rudel er stammt und ob er bereits bekannt ist. So konnte belegt werden, dass der deutsche Wolfsbestand auf natürliche Wanderungen von Tieren zurückgeht, die ursprünglich aus Polen stammen. Weil es eine große Datenmenge gibt, sind die Ergebnisse solcher genetischen Untersuchungen sehr zuverlässig.

Der Kot von Wölfen wird auch Losung genannt.

FORSCHUNG BIS IN DEN TOD

Durch das Wolfsmonitoring ist recht genau bekannt, wie viele Welpen jedes Jahr zur Welt kommen. Wenn sie älter werden und abwandern, verlieren sich aber meist ihre Spuren. Oft tauchen die Tiere erst wieder auf, wenn sie tot am Straßenrand liegen. Seit dem Jahr 2000 wurden in Deutschland insgesamt 520 tote Wölfe entdeckt.* Meist handelte es sich dabei um unerfahrene Welpen oder Jährlinge auf Wanderschaft. Alle aufgefundenen Wolfskadaver werden im Leibniz-Institut für Zoo- und Wildtierforschung (IZW) in Berlin untersucht.

Dieser Wolfsschädel wurde nahe der Elbe bei Magdeburg entdeckt. Todesursache ungeklärt.

Daher weiß man, dass rund drei von vier dieser Wölfe im Straßenverkehr starben. Etwa jeder zehnte wurde illegal getötet. Manche trifft es besonders hart. So stellten die Mitarbeiter des IZW bei Untersuchungen der tierischen Verkehrsopfer fest, dass einigen Wölfen Munition im Körper steckte. Diese Tiere wurden also erst illegal beschossen und später überfahren.

Erwachsene Wölfe haben in Europa keine natürlichen Feinde. Wo es viele Wölfe gibt, konkurrieren sie aber stark untereinander. Dabei kann es vorkommen, dass ein Wolf bei Auseinandersetzungen getötet wird. Weitere Todesursachen sind Krankheiten, Altersschwäche und Verletzungen durch Beutetiere.

TATSACHE

Von 520 toten Wölfen starben nur 42 eines natürlichen Todes. 394 Tiere wurden überfahren, 51 illegal und 4 legal im Rahmen des Wolfsmanagements erschossen. Bei 29 Wölfen blieb die Todesursache ungeklärt.*

*Stand: November 2020

FORSCHERWUNSCH

Weil es so schwer ist, Wölfe in freier Wildbahn zu beobachten, sind viele Fragen über ihre Lebensweise noch offen. Besonders interessant wäre es für Forscher, mehr über die Wanderungen der Wölfe zu erfahren und ob sich die Familienstruktur ändert, wenn die Anzahl der Tiere wächst. Dabei liefert die Untersuchung des Erbmaterials sehr wichtige Erkenntnisse.

Mit Fotofallen kann man zwar herausfinden, ob überhaupt ein Wolf im Revier ist. Über seine Identität und seine persönliche Geschichte lässt sich anhand eines Fotos aber nur ganz selten etwas sagen. Daher müssen unterschiedliche Methoden parallel zum Einsatz kommen, bis alle Puzzleteile in Zukunft ein noch besseres Bild ergeben.

WILDE
NACHBARN

Besteht Grund zur Sorge, wenn durch den benachbarten Wald wieder Wölfe streifen? Beeinflusst die Rückkehr der Raubtiere das Leben der Menschen?

Wölfe sorgen immer wieder für Schlagzeilen. Sie reißen Nutztiere, wenn sich dafür eine günstige Gelegenheit bietet. Im Wald fürchten manche Jäger eine Konkurrenz um das Wild. Und die Bevölkerung ist verunsichert: Kann man dort, wo Wölfe leben, bedenkenlos im Wald spazieren gehen, den Hund ausführen oder Pilze sammeln? Wie gefährlich sind die Tiere wirklich?

Solche Fragen stellen sich, wenn Wölfe ihre alte Heimat wieder besiedeln. Nutztierhalter können Probleme mit den Raubtieren bekommen, doch dagegen gibt es wirksame Mittel. Die meisten Menschen werden die Erfahrung machen, dass die Nachbarschaft zu wild lebenden Wölfen ihr Leben nicht beeinflusst. 014

HUND IM SCHAFSPELZ

Herdenschutzhunde wurden speziell dafür gezüchtet, Schafe vor Angreifern wie Wölfen zu schützen. Sie haben nicht die Aufgabe, die Herde zusammenzuhalten – dafür sind Hütehunde zuständig.

LEICHTE BEUTE?

Wölfe gelten als Schrecken vieler Tierhalter. Mit gezielten Maßnahmen zum Herdenschutz lassen sich Wölfe aber wirkungsvoll von Schafen und anderen Nutztieren fernhalten. 015

Bei der Jagd unterscheiden Wölfe nicht zwischen »erlaubten« Wildtieren und »verbotenen« Nutztieren. Das führt immer wieder zu Konflikten. Sie greifen Nutztiere an, wenn sie dazu die Gelegenheit haben. Vor allem Schafe sind eine leichte Beute, da sie relativ klein sind und kein ausgeprägtes Flucht- und Verteidigungsverhalten zeigen. Schnell ist in den Medien dann von »Problemwölfen« die Rede. Das Problem besteht aber vor allem darin, dass viele Herden nicht ausreichend geschützt sind.

Wölfe werden erst dann problematisch, wenn sie die Erfahrung machen, dass sich ein Angriff lohnt. Daher ist es am besten, Nutztiere schon früh vorbeugend und flächendeckend zu schützen – damit die Wölfe gar nicht erst lernen, dass sie eine mögliche Beute sein können. Manchmal passiert es, dass Wölfe trotz aller Maßnahmen zum Herdenschutz Nutztiere reißen, denn eine hundertprozentige Sicherheit gibt es nicht. In solchen Fällen werden die Tierhalter von den Bundesländern entschädigt.

HERDENSCHUTZ

Ein wirksames Mittel gegen Wolfsangriffe sind Elektrozäune. Wenn Wölfe sie berühren, bekommen sie einen Stromschlag und merken sich diese negative Erfahrung. Bei größeren Herden hat sich der zusätzliche Einsatz von Herdenschutzhunden bewährt. Zuverlässige Rassen sind der französische Pyrenäen-Berghund und der italienische Maremmen-Abruzzen-Schäferhund. Sie stammen aus Regionen in Südeuropa, aus denen die Wölfe nie verschwunden sind. Dort leben Menschen, ihr Vieh und Wölfe seit jeher nebeneinander. Schutzhunde haben daran großen Anteil. Sie werden direkt bei den Schafen geboren. Dadurch sind sie auf diese geprägt und verteidigen sie wie ihre Familie.

Ein Pyrenäen-Berghund bewacht eine Schafherde.

Herdenschutzmaßnahmen werden in Deutschland finanziell gefördert und viele Schafzüchter haben damit sehr gute Erfahrungen gemacht. Wer nur wenige Schafe hält, kann sich den Aufwand oft nicht leisten. Die Tiere sollten dann nachts in einem Stall untergebracht werden.

TATSACHE

Territoriale Wölfe machen durch Herdenschutz die Erfahrung, dass sich ein Angriff nicht lohnt. Gleichzeitig halten sie durchziehende Artgenossen fern und helfen so nebenbei auch den Schafen.

NUTZTIERE

Rinder und Pferde werden nur selten von Wölfen angegriffen, da sie schon aufgrund ihrer Größe sehr wehrhaft sind. Aber ihre Jungen, die Kälber und Fohlen, sind durchaus gefährdet – vor allem, wenn sie auf den Weiden zur Welt kommen. Auch hier könnten Elektrozäune helfen, Wölfe von Rinderweiden oder Pferdekoppeln fernzuhalten. Doch das passiert in der Praxis wegen des großen Aufwands kaum.

Die meisten Verluste unter Schafen oder anderen Nutztieren treten dort auf, wo sich ein neues Wolfsrudel niederlässt und die Tierhalter ihre Herden noch nicht ausreichend schützen. Wenn sie sich auf die Wölfe eingestellt haben, gehen meist auch die Angriffe wieder zurück. Dabei hängen die Verluste an Nutztieren nicht von der Anzahl der Wölfe ab, sondern von den getroffenen Schutzmaßnahmen. Ob in einer Region nur ein Wolf jagt oder ein ganzes Rudel, spielt keine Rolle. Auch ein einzelner Wolf kann großen Schaden anrichten, wenn er auf ungeschützte Nutztiere trifft. Es ist also keine Lösung, den Bestand der Wölfe zu reduzieren, um solche Übergriffe zu verhindern – dafür ist konsequenter Herdenschutz das beste Mittel.

EIN-DRINGLING

Wölfe sehen in Hunden fremde Artgenossen. Eine Begegnung kann für Hunde sehr gefährlich werden – daher müssen sie in Wolfsrevieren immer angeleint sein.

WER HAT ANGST VORM BÖSEN WOLF?

Da Wölfe lange aus Deutschland verschwunden waren, fehlt vielen Menschen Erfahrung mit den Raubtieren. Was ist zu tun, wenn man plötzlich einem Wolf gegenübersteht?

Seit ihrer Rückkehr nach Deutschland haben Wölfe weder Menschen getötet noch verletzt. Sie versuchen, Begegnungen mit uns zu vermeiden. In Wolfsrevieren kannst du also bedenkenlos spazieren gehen oder Pilze sammeln. Manchmal nehmen die Tiere einen Menschen aber nicht wahr, etwa wenn der Wind ungünstig steht. Es kann auch sein, dass Wölfe sich für Hunde interessieren, weil sie diese als fremde Artgenossen betrachten. Für Menschen besteht aber selbst dann keine Gefahr. Bei einer Begegnung mit einem Wolf solltest du dich ruhig verhalten, nicht davonrennen und dem Tier Raum zum Rückzug lassen. Wenn du dich dabei unwohl fühlst, kannst du dich groß aufrichten, die Arme heben und durch Rufen auf dich aufmerksam machen. Meist sichert der Wolf dann kurz und zieht sich zurück. Auch Tiere mit Jungen oder vermeintlich »hungrige« Wölfe reagieren stets vorsichtig. Damit das so bleibt, dürfen Wölfe niemals gefüttert werden – sonst könnten sie ihre Scheu verlieren.

DAS ÖKOLOGISCHE GLEICHGEWICHT

In Deutschland gab es noch nie so viel Wild wie heute. Das liegt vor allem an der intensiven Landwirtschaft: Das riesige Nahrungsangebot auf Feldern und Äckern hat dazu geführt, dass sich Wildschweine, Rehe und Hirsche stark vermehren konnten. Gleichzeitig hat die Forstwirtschaft unsere Wälder verändert. Deutschland ist zwar zu etwa einem Drittel bewaldet, aber nur ein kleiner Teil davon ist natürlich gewachsen. Meist stehen angepflanzte Bäume gleicher Art in Reih und Glied. In solchen Wirtschaftswäldern gibt es kaum Nahrung und Verstecke, sodass dort nur wenige Tierarten leben können. Deshalb wünschen sich Naturschützer und manche Förster wieder mehr naturnahe Wälder. Rehe und Hirsche fressen aber die Triebe junger Bäume, sodass weniger Unterwuchs hochkommt. Wenn Wölfe wild lebende Huftiere jagen, tragen sie also zum Erhalt des ökologischen Gleichgewichts bei.

Wenn es zu viele Rehe gibt, kann der Wald nicht gut wachsen, da sie die Triebe fressen.

EIN KONKURRENT BEI DER JAGD?

Wölfe wurden in Mitteleuropa ausgerottet, weil sie als Viehdiebe und Jagdkonkurrenten galten. Da überrascht es nicht, dass die Rückkehr der Wölfe in Jägerkreisen für gemischte Gefühle sorgt. Der Großteil der Jagdberechtigten sind private Jäger. Für sie ist die Jagd eine Freizeitbeschäftigung, die sie vor allem ausüben, um Wildfleisch oder eine schöne Trophäe zu bekommen. Daher haben einige von ihnen ein kritisches Verhältnis zu Wölfen. Für viele Förster dagegen ist die Jagd Teil ihres Berufs. Sie kümmern sich darum, den Wald zu erhalten und nachhaltig zu bewirtschaften. Dafür müssen sie den Bestand an Huftieren wie Rehen und Hirschen niedrig halten. Wölfe können dabei eine effektive Unterstützung sein. Da jedoch mehrere Millionen wilde Huftiere in Deutschland leben, sind die Wölfe nicht in der Lage, deren Bestand überall zu regulieren. Die Jäger werden also weiterhin gebraucht.

TATSACHE

Jedes Jahr werden in Deutschland rund 1,2 Millionen Rehe, über eine halbe Million Wildschweine und weit über 100.000 Hirsche geschossen.

Mein erster Wolf

Bereits als Kind hatte ich den Wunsch, Wildtiere in freier Natur zu beobachten und schöne Erlebnisse mit der Kamera festzuhalten. Wölfe faszinierten mich schon damals. Doch das war lange, bevor die Tiere nach Deutschland zurückkehrten. Und so musste ich reisen, um wild lebende Wölfe zu erleben. Erst nach Jahren hatte ich die Gelegenheit, mich in Indien auf die Suche nach den Tieren zu begeben.

Indien – dieses exotische Land war für mich ein Traumziel, weil dort das berühmte *Dschungelbuch* von Rudyard Kipling spielt. Ich hatte es gelesen, die Disney-Verfilmung gesehen und war begeistert. Balu der Bär, Shir Khan der Tiger oder Hathi der Elefant – ich wollte die wilden Vorbilder der Dschungelbuch-Tiere selbst erleben. Besonders faszinierte mich die Darstellung der Wölfe: In der Erzählung ziehen sie das verwaiste Menschenkind Mogli fürsorglich auf.

Doch auch in Indien ist es sehr schwer, wild lebende Wölfe zu beobachten. In den Trockengebieten im Westen des Landes haben sie ein Rückzugsgebiet gefunden. Dort war ich mit einem einheimischen Führer in einem Geländewagen unterwegs.

Auf Wölfe machte er mir keine Hoffnung: Sie seien zu selten und zu scheu. Nach einiger Zeit erreichten wir mitten in der sonst trockenen Gegend einen interessanten Ort: In der Regenzeit hatte sich ein See gebildet, der vor allem Vögel aus der Umgebung magisch anzog – ein tolles Erlebnis, aber nicht wirklich das, was ich sehen wollte. Doch dann fiel mir im Gebüsch am Ufer ein markanter Kopf auf. Ich konnte es kaum fassen – es war tatsächlich ein Wolf! Der erste, den ich je in freier Natur zu Gesicht bekam. Trotz schlechter Chancen beobachtete ich einen der extrem seltenen Indischen Wölfe. Dabei handelt es sich um eine schlanke Unterart, die sich an das trockene Klima angepasst hat.

Das bin ich 1993 in Indien ...

... und hier ein Foto meiner allerersten Begegnung mit einem wild lebenden Wolf.

Diesen Indischen Wolf habe ich erst rund 20 Jahre später fotografiert – in fast der gleichen Position!

Trotz vieler Reisen nach Indien konnte ich nur ein Mal einen Indischen Wolf aus nächster Nähe porträtieren.

Natürliche Beutetiere des Wolfs wie Antilopen sind in vielen Regionen Indiens selten geworden.

Diese Wölfe sind zäh und vorsichtig. Sie haben es nicht leicht, denn in vielen Regionen Indiens schwindet der natürliche Lebensraum. Dadurch reduziert sich der Bestand an Beutetieren. Wild lebende Huftiere wie Antilopen konkurrieren mit den Viehherden um die karge Vegetation und werden immer seltener. Zwangsläufig müssen die hungrigen Wölfe also Ziegen und Schafe jagen, wodurch sie den Zorn der Hirten auf sich ziehen.

Es ist schon seltsam: Hunde gelten als bester Freund des Menschen, aber ihre Vorfahren, die Wölfe, sind bei Hirten und Viehzüchtern rund um den Globus sehr unbeliebt. Dabei haben gerade die Wölfe im *Dschungelbuch* einen sehr guten Ruf, weil sie sich in der Geschichte aufopferungsvoll um das Menschenkind Mogli kümmern.

Im Lauf der Jahre war ich noch viele Male in Indien, um den wilden Vorbildern der Dschungelbuch-Tiere nachzuspüren, und hatte dabei großes Glück. Später ist daraus der Bildband *Mein Dschungelbuch* entstanden. Es hat jedoch rund 20 Jahre gedauert, bis ich wieder einen Indischen Wolf gesehen habe. Die zweite Situation war ergiebiger und lieferte bessere Bilder. Dabei zeigt die lange Zeit ohne Wolfssichtung, was für eine Besonderheit es ist, den Tieren in freier Natur zu begegnen.

Das lange Warten

Auch wenn es beim Durchblättern nicht gleich auffällt – die meisten Fotos dieses Buches sind mit extremem Aufwand entstanden. Selbst wenn ich entdeckt hatte, welchen Teil ihres Reviers die Wölfe gerade nutzten, war das keine Erfolgsgarantie. Allein die Sichtung eines wild lebenden Wolfs erfordert viel Geduld und Glück – ein gutes Foto zu machen, ist noch einmal deutlich schwieriger.

Wo sind die Wölfe? Diese einfache Frage ist in der Praxis gar nicht so leicht zu beantworten. Da Wolfsreviere in Deutschland durchschnittlich rund 200 km² groß sind, ist die Chance hoch, an der falschen Stelle zu suchen. Daher fragte ich bei Wolfsbeauftragten, Forschern oder anderen ortskundigen Personen, wo sie die Tiere vermuteten. Dann suchte ich nach konkreten Hinweisen wie Spuren von Wölfen. Wenn es geregnet hatte, war das besonders aufschlussreich, weil sie dann ganz frisch sein mussten. Zudem markieren Wölfe mit ihren Losungen, also dem Kot, oft gut sichtbar ihr Revier. Gelegentlich fand ich auch Beutereste.

In einigen Bereichen lieferten Fotofallen wertvolle Informationen, weil sie rund um die Uhr jede Bewegung aufzeichnen. Sie zeigen aber manchmal auch, wie schwierig es ist, den Tieren zu begegnen. So hatte eine der automatischen Kameras mitten am Tag einen vorbeilaufenden Wolf aufgenommen. Rund eine Stunde später machte sie an derselben Stelle ein Foto von mir – ohne dass ich das Tier je zu Gesicht bekam. Immerhin konnte ich mir durch solche Daten und Beobachtungen ein besseres Bild davon machen, wo die Wölfe gerade bevorzugt unterwegs waren.

Hier tausche ich die Speicherkarte einer Fotofalle.

An der Uhrzeit siehst du, dass ich den Wolf nur knapp verpasst habe …

Die erste Herausforderung: Spuren finden. Die nächste: Daraus ableiten, wo sich die Wölfe derzeit in etwa aufhalten. Und die dritte: Gut tarnen, damit die Wölfe mich nicht bemerken.

Die Verstecke der Tiere liegen meist irgendwo in einem ruhigen Bereich im Wald. Ich versuchte gar nicht erst, ihnen dorthin zu folgen. Es wäre eine massive Störung, denn mit ihren hervorragenden Sinnen hätten sie mich schnell bemerkt. Also wartete ich immer wieder gut getarnt am Waldrand und hoffte auf die Wölfe.

Manchmal verließen sie den Wald an einer anderen Stelle und waren zu weit entfernt für ein gutes Foto. Häufig war es zu dunkel, wenn sie kamen, sodass das Licht nicht zum Fotografieren ausreichte. Manchmal schlug das Wetter um oder der Wind drehte. Ich musste jedoch immer auf den Wind achten, damit die Tiere mich nicht riechen konnten. Die meisten Versuche, Wölfe zu fotografieren, endeten ergebnislos.

Als ich einmal besonders frustriert war, erschien plötzlich ein Wolf. Ganz entspannt schlenderte er über eine Lichtung. Für ein Foto war es wieder längst zu dunkel, doch ich blieb noch eine Weile sitzen. Dann fing vor mir ein Wolf an zu heulen. Ein weiterer links von mir stimmte ein, dann folgte ein Wolf hinter mir. Die Tiere saßen um mich herum im Wald und riefen sich nun zusammen. Schließlich stimmten auch die übrigen Rudelmitglieder ein und veranstalteten ein Konzert, wie man es aus Filmen kennt, aber kaum aus deutschen Wäldern. Ein magischer Moment! Mir war zwar kein einziges Foto gelungen, doch mir war völlig klar: Diesen faszinierenden Tieren musste ich unbedingt auf der Spur bleiben.

Auge in Auge

Nach langer Vorarbeit hatte ich in einem militärischen Sperrgebiet im Osten Deutschlands eine große Lichtung entdeckt, auf der heranwachsende Wölfe auf die übrigen Rudelmitglieder warteten. Es war der Treffpunkt für die ganze Familie. Ich hoffte, dass ich diesmal mehr Glück bei dem Versuch haben würde, die Wölfe zu fotografieren.

Es begann mit einer zufälligen Beobachtung: Ich sah einen Wolf vor einem alten Panzer sitzen. Irgendwann schlenderte er weiter und verschwand im Dickicht. Bald hatte ich entdeckt, wohin sich die Tiere tagsüber zurückzogen. Diesmal schien alles zu passen. Der Wind stand günstig, das Wetter spielte mit und mit meinem Tarnanzug sah ich fast aus wie meine Umgebung. So fiel es den Wölfen schwer, mich zu erkennen, und sie konnten mich weder riechen noch hören – für sie war ich nicht da.

Tatsächlich erschienen schon wenig später mehrere junge Wölfe genau dort, wo ich sie vermutet hatte. Sie tollten herum und stritten sich um ein paar alte Knochen – die Reste einer Mahlzeit. Es war wunderbar, den Tieren zusehen zu können. Sie spielten Fangen und Tauziehen, und jeder versuchte, die Knochen zu erobern. Plötzlich kam einer der jungen Wölfe immer weiter auf mich zu. Ich war ganz aufgeregt und wagte es kaum zu fotografieren, aus Angst, ihn zu verscheuchen. Das Klicken der Kamera hatte ich gedämpft, um die Tiere auch damit nicht zu stören. Bald war er nur noch rund 15 Meter entfernt und schaute direkt zu mir. Doch mein Tarnanzug funktionierte. Offenbar erkannte er mich nicht als Mensch – vielleicht hielt er mich für einen Busch, der ihm zuvor noch nicht aufgefallen war.

Viele militärische Sperrgebiete sind sehr groß, menschenleer und voller möglicher Beutetiere. Für die Wölfe sind sie daher wichtige Lebensräume.

Hier streiten sich junge Wölfe um einen Knochen.

Meine Kamera und ich, beide offenbar gut getarnt! Sonst wäre der junge Wolf (links) sicher nicht so nah an mich herangekommen.

Nach vielen Fehlschlägen sind solche Begegnungen für mich Momente des Glücks. Gerade weil ich den Wölfen seit Jahren auf der Spur bin, weiß ich, wie selten sie sind. Ganz nebenbei machte ich interessante Beobachtungen zum Verhalten der Tiere. Zudem konnte ich mit meinen Fotos zum Monitoring der Wölfe beitragen, also der wissenschaftlichen Überwachung ihres Bestandes – beispielsweise wenn unklar war, wie viele Welpen ein Wurf hat.

In Deutschland bin ich bisher rund 300 Mal wild lebenden Wölfen begegnet. Meist war ich dabei allein unterwegs und einer meiner Wege führte je nach Tageszeit im Dunkeln zu meinem Ansitzort hin oder von dort weg. Die Wölfe hätten also viele Gelegenheiten gehabt, mich anzugreifen – doch sie taten es nicht.

Bei meinen Beobachtungen habe ich Wölfe als sehr wachsame und vorsichtige Tiere erlebt, die versuchen, Begegnungen mit Menschen zu vermeiden. Gesunde Wölfe mit normalem Verhalten stellen für uns keine Gefahr dar. Es ist aber wichtig, dass wir unsere Nutztiere mit den richtigen Maßnahmen schützen, denn so lassen sich Konflikte reduzieren. Der Wandel in den Köpfen hat längst begonnen – immer mehr Menschen akzeptieren den wilden Nachbarn. Der Wolf ist zwar ein faszinierendes Wesen, aber eben auch ein ganz normales Wildtier. Es hängt von uns ab, ob wir weiter an den Mythos vom »bösen Wolf« glauben wollen oder ihm diesmal eine Chance geben.

Dein Axel Gomille

WEITERE INFORMATIONEN

Du willst mehr über Wölfe wissen oder bist einem Wolf begegnet? Hier findest du Infos. Da die meisten sich an Erwachsene richten, bitte am besten deine Eltern um Unterstützung.

Eine Wolfsbegegnung solltest du melden – vor allem, wenn das Tier sich außerhalb bekannter Reviere aufhält oder sich auffällig verhält. Infos dazu bietet die DBBW.

DBBW **www.dbb-wolf.de**

Die offizielle Dokumentations- und Beratungsstelle des Bundes zum Thema Wolf. Unter ▶ *Wolfsmanagement* findest du Ansprechpartner, Links zu den Bundesländern und kannst Wolfssichtungen melden.

Fachstelle Wolf **www.wolf.sachsen.de**

Da die Wölfe zuerst nach Sachsen zurückkehrten, enthält diese Webseite viele allgemeingültige Informationen. Das Meldeformular gilt jedoch nur für Wolfssichtungen in Sachsen.

KORA, Schweiz **www.kora.ch**

KORA (Raubtierökologie und Wildtiermanagement) erforscht die Lebensweise der Raubtiere in der Schweiz und überwacht ihre Population.

Wölfe in Österreich

www.beutegreifer.at
www.baer-wolf-luchs.at
Diese Webseiten informieren über die jeweilige Situation von Wolf, Bär und Luchs in Österreich.

Schutzorganisationen

www.freundeskreiswoelfe.de
Der Freundeskreis freilebender Wölfe bietet neben vielen Informationen auch interessante ▶ *Links* für Wolfsbeobachter. ▶ *Sichtmeldungen* werden an die zuständigen Stellen weitergeleitet.

www.nabu.de/wolf
Beim NABU (Naturschutzbund Deutschland) findest du Infos über Schutzaktionen und wichtige Fragen und Antworten zum Thema Wolf.

www.wwf.de
Der WWF ist eine große internationale Naturschutzorganisation. Um zu den Wolfsthemen zu gelangen, folge den Links: ▶ *Themen und Projekte* ▶ *Bedrohte Tierarten* ▶ *Wölfe.*
Auf der österreichischen Webseite findest du auch eine Kinderseite zum Thema Wolf:
www.wwf.at/de/alles-ueber-den-wolf

www.gzsdw.de
Die Gesellschaft zum Schutz der Wölfe hat es sich zur Aufgabe gemacht, vor allem Wölfen in Deutschland zu helfen.

www.chwolf.org
Ein Schweizer Verein zum Schutz der Wölfe. Hier findest du auch Links zu Wildparks:
www.chwolf.org/woelfe-beobachten

Wölfe beobachten:

Wölfe kannst du am besten in Wildparks beobachten. Hier eine kleine Auswahl:
www.sbs.sachsen.de *(01468 Moritzburg)*
www.wildpark-schorfheide *(16244 Schorfheide)*
www.wildpark-mv.de *(18273 Güstrow)*
www.wild-park.de *(21271 Hanstedt)*
www.wolfsinfozentrum.de *(24623 Großenaspe)*
www.wolfcenter.de *(27313 Dörverden)*
www.greifenwarte.net *(54570 Pelm)*
www.wolfspark-wernerfreund.de *(66663 Merzig)*

REGISTER

IMPRESSUM & BILDNACHWEIS

Umschlaggestaltung von Andrea Köhrsen, Kiel, unter Verwendung von Fotos von Axel Gomille.

Mit Fotos des Autors Axel Gomille (www.axelgomille.com).
Seine Bilder zeigen wild lebende Tiere in freier Natur, mit Ausnahme von: S. 14 (Polarwolf), S. 22 (Polarwolf), S. 30 oben (Wolf mit Beute).

Weitere Bilder: S. 8 (historische Jagdszene) akg-Images; S. 8 (Illustration Wolf und Großmutter) Carla Francesca Castagno/shutterstock.com; S. 15 (Beutelwolf) Benjamin A. Sheppard/Wikimedia Commons; S. 15 (Dingo) Trudy Abdurhman/shutterstock.com; S. 18 (Küstenwolf) PNQ Images/shutterstock.com; S. 20 (Rotwolf) Mark–Kostich/ shutterstock.com; S. 21 (Mähnenwolf) Dennis Jacobse/shutterstock.com; S. 27 (Wolfswelpen) Jim Cumming/ shutterstock.com; S. 49 (Wolfsschädel) Heiko Kueverling/shutterstock.com; S. 58 (Fotofalle) Landesamt für Umweltschutz Sachsen-Anhalt/Bundesforstbetrieb Nördliches Sachsen-Anhalt

Alle Filme von Dipl.-Biologe Sebastian Koerner, lupovision natur film produktion.
Kartengrundlage: KOSMOS Kartografie, Stuttgart

FSC MIX Papier aus verantwortungsvollen Quellen FSC® C084279 www.fsc.org

Gedruckt auf chlorfrei gebleichtem Papier

ISBN: 978-3-440-16987-2
Projektleitung: Teresa Baethmann
Layout & Satz: Andrea Köhrsen
Produktion: Verena Schmynec
Druck und Bindung: Print Consult GmbH, München
Printed in Slovakia / Imprimé en Slovaquie

Für Milo und Mavie

Herzlichen Dank für den fachlichen Austausch (in alphabetischer Reihenfolge):
Prof. Dr. Luigi Boitani, *Large Carnivore Initiative for Europe*
Dr. Yadvendradev Jhala, *Wildlife Institute of India*
Dipl.-Biologin Gesa Kluth, *LUPUS Institut für Wolfsmonitoring und -forschung in Deutschland*
Dipl.-Biologe Sebastian Koerner, *lupovision natur film produktion*
Prof. Dr. Kurt Kotrschal, *Wolf Science Center*
Master of Science Vanessa Ludwig, *LfULG Sachsen, Fachstelle Wolf*
Ralph Manz, *KORA, Raubtierökologie und Wildtiermanagement, Monitoring Wolf Schweiz*
Dr. Carsten Nowak, *Labor für Naturschutzgenetik, Senckenberg Forschungsinstitut*
Klaus Puffer, *Bundesforstbetrieb Nördliches Sachsen-Anhalt*
Dr. Georg Rauer, *Forschungsinstitut für Wildtierkunde und Ökologie*
Dipl.-Biologin Ilka Reinhardt, *LUPUS Institut für Wolfsmonitoring und -forschung in Deutschland*